家居风格材料搭配创意图典

中式风

理想·宅 编

海峡出版发行集团
THE STRAITS PUBLISHING & DISTRIBUTING GROUP
福建科学技术出版社
FUJIAN SCIENCE & TECHNOLOGY PUBLISHING HOUSE

编写人员名单：（排名不分先后）

黄　肖　邓毅丰　邓丽娜　杨　柳　卫白鸽　王广洋　李小丽　王　军

李子奇　于兆山　蔡志宏　刘彦萍　张志贵　刘　杰　李四磊　孙银青

肖冠军　安　平　马禾午　谢永亮　李　广　李　峰

图书在版编目 (CIP) 数据

家居风格材料搭配创意图典 . 中式风 / 理想 · 宅编 . —福州：
福建科学技术出版社，2016.6
ISBN 978-7-5335-5011-0

Ⅰ . ①家… Ⅱ . ①理… Ⅲ . ①住宅 – 室内装饰设计 –
图集 Ⅳ . ① TU241-64

中国版本图书馆 CIP 数据核字（2016）第 078000 号

书　　名	家居风格材料搭配创意图典　中式风	
编　　者	理想 · 宅	
出版发行	海峡出版发行集团	
	福建科学技术出版社	
社　　址	福州市东水路76号（邮编350001）	
网　　址	www.fjstp.com	
经　　销	福建新华发行（集团）有限责任公司	
印　　刷	福建彩色印刷有限公司	
开　　本	889毫米 × 1194毫米　1/16	
印　　张	7.5	
图　　文	120码	
版　　次	2016年6月第1版	
印　　次	2016年6月第1次印刷	
书　　号	ISBN 978-7-5335-5011-0	
定　　价	39.80元	

书中如有印装质量问题，可直接向本社调换

目录 CONTENTS

客厅设计

中式客厅设计注重结构造型和特色 002

中式吊顶设计应适应客厅整体布局 004

木雕花造型是墙面极具韵味的装饰 006

木雕花造型与玻璃的结合使空间更时尚明亮 008

实木线条造型装饰简洁大方的客厅环境 010

多种材料搭配打造多元化的中式客厅 012

细腻的石材点亮中式客厅 014

实木饰面板最能表现中式风特点 016

中式风壁纸也能够成为大空间的背景 018

花鸟壁纸成为客厅环境的点睛之笔 020

合理运用色彩打造原汁原味的中式风 022

红色系的运用打造古典雅致的中式家居 024

客厅中的中式元素传递出主人的生活情趣 026

中式仿古灯渲染低调优雅的客厅环境 028

工艺品是中式客厅的点睛之笔 030

中式风装饰画让客厅更具中式风情 032

花卉图案的壁画是客厅中的焦点 034

利用书法作品装饰出客厅的中式韵味 036

绿植搭配使中式客厅更加温馨 038

典雅实用的明清家具 040

线条简洁的新中式家具 042

舒适的圈椅是必不可少的中式家具 044

圆凳和方凳也是实用的客厅家具 046

中式茶几要与客厅家具搭配一致 048

屏风彰显中式客厅的宁静之美 050

陈列艺术品的博古架彰显中式客厅的大气感 052

木质镂空隔断透露着浓郁的中式味道 054

客厅茶座为主人提供浪漫的休闲空间 056

餐厅设计

线条简单又兼具实用性的长形餐桌 058

餐厅中的博古架装饰出雅致的就餐环境 060

装饰画的色彩改变餐厅的整体氛围 062

餐厅中的木花格造型与餐厅家具色彩一致 064

目录 CONTENTS

美观大方的餐厅仿古吊灯　066

中式风餐厅中也可以有明亮时尚的现代元素　068

餐厅的顶面设计应与餐厅家具相呼应　070

卧室设计

中式风格卧室的色彩应淡雅沉稳　072

四柱床使卧室环境更加浪漫舒适　074

具有装饰性的中式床头灯　076

选择好壁纸也能营造独特的中式风卧室　078

卧室中的中式风装饰画注重空间的留白　080

实木材料装饰别致的中式风卧室　082

布艺帷幔让中式风卧室更加温暖　084

卫浴设计

中式卫浴间的色彩宜趋于明亮　086

中式风浴柜应做好防潮处理　088

书房设计

中式书房也是陶冶情操的休闲空间　090

实木家具传达书房的古典理念　092

博古架也是书房中的艺术装饰品　094

字画装饰彰显中式书房的气质　096

仿古灯可以调节中式书房的意境　098

玄关设计

中式风玄关要有明亮的装饰色彩　100

精致的木格栅造型点亮玄关空间　102

中国风壁画装饰适合空间较为开阔的玄关　104

过道设计

中式元素点缀过道端景　106

宽敞的过道赋予中式元素更多的发挥空间　108

独具特色的中式风过道休闲区　110

楼梯设计

中式风楼梯也有混搭风的材料　112

中式风的楼梯转角也有细致的设计　114

中式风楼梯的栏杆设计也十分精细　116

客厅设计

　　中式风格是以宫廷建筑为代表的中国古典建筑的室内装饰设计艺术风格。中式风格的客厅设计气势恢弘、壮丽华贵、高空间、大进深、金碧辉煌，造型上讲究对称，色彩讲究对比。装饰材料以木材为主，图案多龙、凤、竹、菊、花鸟等，精雕细琢、瑰丽奇巧。中式风格的客厅设计保留了传统风格庄重与优雅双重气质，也更多地利用了后现代手法，把传统的结构形式通过重新设计组合以另一种特色的标志符号出现。

中式客厅设计注重结构造型和特色

中国风格客厅设计融合着庄重和优雅的双重品质，从室内空间结构来说，以对称方正的构架形式为主，以显示主人的成熟稳重。同时布局设计的组合方式信守均衡对称的原则，形成四平八稳的客厅空间环境，反映了中国传统的社会伦理观念。同时在一些细节的地方合理运用特色装饰，勾勒出禅宗的意境，体现返璞归真的生活追求。

黄色乳胶漆　　　　亚光地砖

釉面地砖　　　　实木线条装饰顶面

石膏板回纹造型　混纺地毯

艺术壁纸　　　　　　　　　黑胡桃木装饰角线

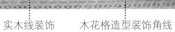

实木线装饰　　　木花格造型装饰角线

釉面地砖　　　　　　　　　艺术壁纸

石膏板吊顶　　　　　　混纺地毯

仿古面砖　　木格栅造型

混纺地毯　　　　木格栅造型刷白

中式吊顶设计应适应
客厅整体布局

中式风格的客厅整体性强，吊顶设计应与客厅整体布局相呼应。简单的吊顶搭配极具中式特色的造型装饰，以体现整体环境的特色，使空间的完整性更强。具有原木色彩的吊顶装饰是最具特点的吊顶；在顶面用实木角线装饰也可以使环境清新有特色；而简单大方的石膏板吊顶则可以彰显客厅空间的宽阔大气感。

人造大理石地砖　　　　　硬包造型

实木造型装饰边框　　　　　装饰壁画

装饰壁画　　　　　茶镜装饰

多彩仿古地砖　　　　实木雕花造型

石膏板吊顶　　　　抛光地砖

石膏雕花造型　　　　实木条装饰

仿古釉面砖　　　　花纹壁纸

米色墙面大理石　米色大理石地砖

木花格造型　　　　石膏板造型

仿木纹大理石地砖　　　　装饰壁画

木雕花造型是墙面
极具韵味的装饰

中国的传统门窗具有丰富的造型和雕花图案，在居家装饰中也得到了非常广泛的运用，不同造型的雕花图案成为客厅墙面别具特色的造型装饰，传递出环境的中式韵味。小型的窗式造型给空间带来更多的想象；大面积的贴墙造型丰富墙面环境；条形的雕花造型装饰墙角更是让墙面有了丰富的视觉特色。

实木地板　　　　　红柚木饰面板

黄色乳胶漆　　　　红色暗纹花纹壁纸　　方形木雕花造型

白色乳胶漆　　　　人造大理石地砖　　组合装饰画

红柚木饰面板　　实木复合地板

实木地板　　　　白色乳胶漆

人造大理石地砖　　红榉木装饰角线　　纺织地毯　　　　　　　　茶镜装饰

冰裂纹花格刷白　　　　　　白色乳胶漆　　艺术壁纸　　　　　　　实木复合地板

木雕花造型　　　　　　　　褐色帷幔

木雕花造型与玻璃的结合
使空间更时尚明亮

极具中式特色的木雕花造型与时尚现代感十足的玻璃相结合，是传统与现代的碰撞融合，让具有传统韵味的空间环境也变得时尚新颖。同时玻璃的色彩明亮，能够与木色的雕花形成明显的对比，让空间更具层次感，也改善了大面积木色的沉闷感。玻璃材质的反光特色也能够使室内环境更加明亮。

木雕花造型贴镜面　　组合装饰画

白色乳胶漆　　　　　　实木复合地板

实木线条装饰顶角线　　　白色釉面墙砖

仿木纹聚氯乙烯壁纸　　　　组合装饰画

组合装饰画　　灰色乳胶漆

石膏板吊顶　　　　　　　　　人造大理石地砖

实木地板　　粉色乳胶漆

褐色釉面墙砖　　　　　　白色碎花壁纸

混纺地毯　　　　　　　石膏板吊顶

混纺地毯　　　　　金箔壁纸

实木线条造型装饰简洁
大方的客厅环境

　　客厅装饰中利用实木线条来装饰，形成半开放的视觉空间，不会使空间环境显得压抑狭窄。利用实木线条装饰客厅背景墙，形成有层次的墙面环境，丰富墙面环境，同时又不会让空间显得过于杂乱；实木线条单独使用或搭配清玻璃，作客厅隔断也有很好的装饰作用，还能够在视觉上形成空间的呼应。

抛光地砖　　　　　　簇绒地毯　　　　　　亚麻地毯　　　　　　镜面玻璃

黑镜装饰　　　　　　马赛克　　　实木地板

大理石面砖拼花　　　实木地板

黑镜装饰　　　白色抛光地砖

白色乳胶漆　　　仿木纹大理石地砖

簇绒地毯　　　人造大理石地砖

多种材料搭配打造多元化的中式客厅

　　木材是中式风格客厅装饰的主要材料，但多元化的材料组合也能够搭配出别具一格的客厅风采。大空间的墙面可以采用乳胶漆、壁纸等材料装饰，在色彩上选择能够表现空间中式风格的色彩搭配，木纹板、大理石、软包等均可以作为局部的装饰材料。竹子、藤编材料也是极具中式特点的材料，可以作为局部装饰出现。

白皮革硬包造型　　　　黑镜装饰条

混纺地毯　　　　木工板造型

印花硬包造型　　　　黄色乳胶漆

黑胡桃木饰面板

白色乳胶漆　　　　　　青砖　　　　　　白色釉面地砖　　　　　烤漆玻璃

实木地板　　　　　　　　　　　　　　　　　　　　　　木工板混油造型

混纺地毯　　　红木饰面板造型　　　　　　灰色釉面地砖　　　　白色乳胶漆

细腻的石材点亮中式客厅

　　石材具有自然纹理、色彩变幻之特点，经过切割、打磨、抛光、雕刻后的石材，其艺术价值和美学价值更是让人惊叹不已，石材墙面也成了中式风格客厅装饰的亮点。具有天然纹理的石材符合中式风格的内涵特点；经过加工的石材可以融入中式特色的装饰纹理；而明亮现代的石材则可以点亮整个中式风格的客厅环境。

灰色釉面砖拼字

实木地板　仿木纹大理石墙砖

白色抛光地砖　　黄色墙面大理石

白色墙面大理石　　石膏板造型

仿木纹大理石墙砖　　白色抛光地砖

红榉木装饰角线　　人造大理石墙砖

黑色釉面墙砖　　混纺地毯

实木条装饰隔断　　人造大理石墙砖

白色碎花壁纸

褐色釉面墙砖

实木饰面板最能表现
中式风特点

中式风格的装饰材料以木材为主，实木饰面板自然是最能表现中式风格的家居环境特点。这样的饰面板讲究雕刻彩绘，造型别致典雅，多采用酸枝木或大叶檀等高档硬木经过工艺大师的精雕细刻，使每一块板材都形成独具韵味特色的饰面板用来装饰客厅环境，自然也能够传递出独特的中式韵味。

石膏板吊顶　　　米色乳胶漆

釉面地砖　　　定制实木板造型

实木地板　　　实木线条装饰

镜面玻璃　　　红榉木饰面板造型　　　装饰壁画

实木饰面板　　白色釉面地砖

白色乳胶漆　　实木地板

实木复合地板　　红榉木饰面板

石膏板吊顶　　实木地板

实木饰面板

中式风壁纸也能够成为
大空间的背景

　　壁纸的材料、色彩、花纹繁多，选择中式风格的壁纸作
为客厅大环境的背景，能形成很好的装饰效果。仿木纹壁纸
或木色壁纸有原木的风格特点，大面积使用有较好的装饰效
果；碎花壁纸则能彰显中式田园风格的特色；色彩沉稳的壁
纸作为空间背景能衬托出环境厚重典雅的质感。

灰色釉面地砖　　　艺术壁纸

实木复合地板　　　黄色暗纹壁纸

白色暗纹釉面地砖　　　白底碎花壁纸

仿木纹聚氯乙烯壁纸　　　实木地板

簇绒地毯　仿木纹大理石地砖　　　　黄底大花壁纸　实木地板

灰色釉面地砖

混纺地毯　　　　　金箔壁纸　　　　白色釉面地砖　　　褐色花纹壁纸

花鸟壁纸成为客厅
环境的点睛之笔

花鸟壁纸是中国风壁纸中最具特色和代表性的壁纸，将极具中式美感的花鸟图案融入壁纸中，可在墙面形成美轮美奂的装饰。看壁纸上那些快要破纸而出的小鸟，仿佛能闻到中国风壁纸上花朵的香气。精美的花鸟图案可以做成组合装饰画装点环境，也可以大面积使用，成为环境中的焦点。

木雕花造型   白色乳胶漆

簇绒地毯   花鸟壁纸

混纺地毯   灰色仿古地砖

木雕花造型   人造大理石地砖

黑胡桃木饰面板　　混纺地毯　　　　　　　　　　花纹壁纸　簇绒地毯

木雕花造型刷白　　白色抛光地砖　　　　　　　　木花格造型装饰　　　　　灰色大理石地砖

混纺地毯　　　　　　　　　　　　　　镜面玻璃

合理运用色彩打造
原汁原味的中式风

中式家具和饰品或颜色较深，或非常艳丽，在安排它们时需要对空间的整体色彩进行通盘考虑。一般会用到古朴、自然的棕色，但大片的棕色会给人压抑的感觉，所以白色等浅色系的调节运用也相当重要；色彩以沉稳的深色为主的空间，配以红色或黄色的靠垫、坐垫就可烘托居室的氛围，打造出原汁原味自然和谐的空间搭配。

艺术壁纸　　　　　　　　　　混纺地毯

混纺地毯　　　　黑色仿古地砖　白色乳胶漆

回纹造型装饰　　　茶镜装饰

黄色乳胶漆　　　　石膏板吊顶

青砖   白色乳胶漆

花纹壁纸   白色大理石地砖

黄色壁纸   石膏板造型

人造大理石面砖拼花   实木地板

实木地板   白色乳胶漆

博古架   混纺地毯

红色系的运用打造古典雅致的中式家居

　　中式古典家居风格装饰的色彩最有代表性的就数红色了。红色是最富生命力的元素，也融合了最细腻而热烈的情感，因此红色永远是中式风家居设计中的一道亮点。打造红色系家居风格，居室内不宜用较复杂的色彩装饰，以免打破优雅的居家生活情调。色彩也不宜过于明快，应以沉稳的色调为主，绿色尽量以植物代替，如吊兰、大型盆栽等。

红色乳胶漆　　　　　　　青砖

红漆木雕花造型　　　　　清玻璃

红柚木造型装饰　　　红色乳胶漆

红色壁纸　　　仿木纹大理石地砖

大理石墙砖　灰镜装饰　实木地板

清玻璃　　　实木复合地板

簇绒地毯　　　　　　白底蓝花壁纸

石膏板混油造型　　　实木饰面板　白色乳胶漆

灰色壁纸

实木地板　　　　　　　茶色花纹壁纸

客厅中的中式元素传递
出主人的生活情趣

　　中式元素指的是带有中国文化特点的装饰元素，涵盖内容广泛。在客厅的运用中，要根据主人的文化修养和对传统文化的理解，以及自身的生活方式，比如是否有收藏的爱好、饮茶的习惯等，来结合整体空间进行搭配设计，而不是每个空间无联系的元素堆积。

墙面肌理漆　　　　木雕花造型

黑镜装饰条　　　　艺术壁纸

木节板墙面造型　　　白色乳胶漆

灰色大理石地砖　　　　浅黄色壁纸　　　木雕花造型贴镜面

抛光地砖　　　　木质屏风　　　　浅灰色乳胶漆

仿古灯　实木装饰顶面　　实木地板

实木地板　　　　　　仿古灯

实木装饰线　大理石拼接造型

茶色纱帘　　　　异形茶几　　　羊毛地毯

实木装饰线　　　　鹅黄色乳胶漆

中式仿古灯渲染低调
优雅的客厅环境

中式仿古吊灯倡导的是还原中国古代风，用中国古代那种特有的气氛渲染出和喧闹的都市生活完全不一样的气息。中式仿古灯讲究造型的对称和色彩的对比，图案多为清明上河图、如意图、龙凤、京剧脸谱等中式元素，强调古典和传统文化的神韵。中式仿古灯的装饰多以镂空或雕刻的木材为主，宁静古朴、端庄大方，装在家里，给人温馨雅致、宁静的感觉。

黄色乳胶漆　　　　　　木花格造型刷白漆

圈椅　　　　仿古灯　　　混纺地毯

白色乳胶漆　　　　　　实木地板

书法装饰画　　　混纺地毯　　　　　　肌理壁纸　　　　　　实木地板

白色釉面地砖　　粉色乳胶漆

木饰板装饰顶面　　实木地板

亚光地砖　　艺术壁纸

实木条装饰顶面　　灰色釉面地砖

石膏板吊顶　　大理石面砖拼花

工艺品是中式客厅
的点睛之笔

中式风格的工艺品以陶瓷饰品居多，也包括扇面、灯笼等装饰工艺品。陶瓷工艺品中的造型也很多，其中最具代表性的要数装饰盘子工艺品了，它不仅具有良好的装饰效果，同时也增添了客厅环境的生活情趣。这些工艺品具有浓厚的中式色彩，在环境中也十分显眼，容易成为视线的焦点，成为装饰中的点睛之笔。

黑镜装饰条　　　　　石膏板造型

实木复合地板　　仿木纹大理石墙砖

大花白大理石墙砖　红榉木饰面板

黄色乳胶漆　　　　木质屏风

釉面地砖　　　　　　　　白色乳胶漆

白色乳胶漆　　　　　混纺地毯

木格栅造型隔断　　　　仿木纹聚氯乙烯壁纸

混纺地毯　　　　　白色乳胶漆

白色乳胶漆　　　　　　　　实木百叶帘

白色乳胶漆　　　　　　簇绒地毯

实木复合地板　　浅黄色壁纸

墙面肌理漆　　　　黑胡桃木饰面板

中式风装饰画让客厅更具中式风情

中式风装饰画一般都是用来修饰墙面空间，□能够增加客厅环境的中式古风意境，故而装饰画□显客厅中式风格的装饰。中式风的装饰画内容来□中的山水、花、鸟、虫、鱼等，也常常借以表现自□人格或情操，不同的装饰画内容也能够体现主人的□

中式风装饰画　白色乳胶漆

胡桃木装饰角线

花卉图案的壁画是客厅中的焦点

中式风格的花卉图案多具有不同的意义。花卉中牡丹花形丰满、色彩娇艳，象征富贵。梅花，优雅飘逸、傲霜斗雪，象征坚强，古人也常以梅花来表现自己的情趣、人格或情操。这种大花图案的壁画在中式客厅中也较为常用，装饰效果也十分突出，容易成为客厅空间的焦点，用作客厅背景墙也具有很好的装饰效果。

人造大理石地砖　　　　　　茶镜装饰

仿木纹大理石　　大理石地砖

簇绒地毯　　　　　　　　中国风装饰壁画

木质屏风　　　　　　　中国风装饰壁画

镜面装饰　　　　　人造大理石拼花造型

石膏板造型　　　　中国风装饰壁画

黄色乳胶漆　　　　马赛克

仿木纹聚氯乙烯壁纸　　　　石膏板印花造型

红榉木装饰垭口　　　　白色釉面砖

石膏板吊顶　　　　仿木纹大理石

利用书法作品装饰
出客厅的中式韵味

书法是中国传统文化艺术发展五千年来最具有经典标志的民族符号之一，它是用毛笔书写汉字并具有审美惯性的艺术表现形式。书法也具有它独特的魔力，简单的色彩展现文字的美丽，装饰在空间中总能够传递出宁静致远的环境氛围。书法作品流派众多，不同的书法作品能够体现出主人不同的生活态度。

仿木纹聚氯乙烯壁纸　白色釉面地砖

清式家具　　　　花纹雕花格造型

黑镜装饰　　　混纺地毯

黑胡桃木装饰角线　　　粉色乳胶漆

白底红花壁纸　　　　　　　扇面装饰

灰色乳胶漆　　　　　　　　实木复合地板

艺术壁纸　　　　　　　　　胡桃木装饰线

密度板造型　　　　　　　　实木复合地板

鹅黄色乳胶漆　　　　　　　木雕花造型

浅色大花壁纸　　　　　　　木雕花造型装饰

绿植搭配使中式
客厅更加温馨

　　绿植在室内环境中有着特殊功效，不仅可以美化环境还能陶冶情操，最重要的是给室内绿化带来了自然的气息，使人们在室内有回归自然的感觉。中式风格的客厅布置对植物的选择也具有一定的要求，兰花、竹子等造型雅致的植物最能融入中式家居环境，线条简单明朗的吊兰、绿萝等也是不错的选择。

仿木纹聚氯乙烯壁纸　　　釉面地砖　　　木工板混油造型

石膏雕花造型　　　　　　　红榉木装饰角线

木花格造型贴墙面　　　银镜装饰条

实木条装饰　　　　　　　　　　　　　　　　艺术壁纸

红丝米黄大理石 　　　　　　　石膏板吊顶

石膏板吊顶 　　　　　　　实木地板

仿木纹聚氯乙烯壁纸　大理石地砖 　　　　　鹅卵石

密度板造型 　　　　　　　白色乳胶漆

木花格造型隔断 　　　　　仿木纹大理石墙砖

清玻璃 　　　　　　　木花格造型隔断

典雅实用的明清家具

明清家具作为中国古典家具的精髓所在，是中华民族传统文化的具体体现。明清家具造型典雅、结构严谨、装饰适度、纹理优美，原料材质精良、制作工艺精湛、装饰技法独特多样，雅而致用，俗不伤雅，达到美学、力学、功用三者的完美统一，是中国古典家具中最具有代表性的，也是中国家具的精髓所在。

白色乳胶漆　　　　　　　　　　　　　　　实木复合地板

黄色花纹壁纸　　　　　　实木复合地板

木雕花造型　　　　　　　实木地板

混纺地毯　　　实木线条装饰角线　　　　实木饰面板　　　　　　　灰色釉面砖

中国风山水画　　　　青砖

白色乳胶漆　　　红色釉面地砖

实木雕花装饰工艺品　回纹造型隔断

粉色乳胶漆　　白色釉面地砖

黑胡桃木饰面板　　　灰色仿古地砖

簇绒地毯　　　　　　　皮革硬包造型

实木雕花装饰工艺　　　　　　灰色仿古地砖

线条简洁的新中式家具

　　新中式家具在设计形式上简化了许多，通过运用简单的几何形状来表现物体，是古代家具的现代化演变的成果。以现代化趋势的文化背景作为审美情趣的参照，既区别于传统和当代所有其他风格，又具有典型的中式特色和广泛适应性的新概念家具设计。它的特点就是在现代风格的基础上蕴涵着中国传统家具的文化意义。

白色乳胶漆　　　　　　　　　　黄色抛光地砖

白色乳胶漆　　　　　　　　灰色仿古地砖

粉色乳胶漆　　实木复合地板　　大芯板造型

亚麻地毯　　　　　　　　木格栅隔断

石膏板造型　　混纺地毯

红榉木装饰角线　　白色乳胶漆

簇绒地毯　　　胡桃木装饰线

白色乳胶漆　　大芯板造型　　簇绒地毯

白色乳胶漆　　　　　实木地板

米黄色抛光地砖　　红色肌理壁纸

舒适的圈椅是必不可少的中式家具

圈椅是我们民族独具特色的椅子样式之一。其造型圆婉优美，体态丰满劲健，最明显的特征是圈背连着扶手，从高到低一顺而下，座靠时可使人的臂膀都倚着圈形的扶手，背板做成"S"形曲线，是根据人体脊椎骨的曲线制成的，使人感到十分舒适，备受人们喜爱。

簇绒地毯　　　　　　　　　石膏板造型

黄色乳胶漆　　　　　　　　实木造型隔断

仿木纹大理石面砖　　实木复合地板

米白色釉面地砖　　　　　　　仿木纹聚氯乙烯壁纸

红色乳胶漆　　　　　　　　簇绒地毯

茶镜装饰　　　　肌理壁纸

实木地板　　　　　　　　木雕花造型贴镜面

实木地板　　　　　　　　实木线条装饰

果绿色乳胶漆　　　　　　灰色大理石地砖

清玻璃　　　　　　　实木地板　　　艺术壁纸

圆凳和方凳也是
实用的客厅家具

与中式客厅家具相配套的还有凳子，它可以与方几、方桌相配合，在室内陈设仅次于椅子，十分重要。硬木圆凳，一般都制作精巧，选用较好的木料制成，三足、四足、五足甚至更多足的都有，一般有束腰。方凳的光素多半棱角圆润平滑，或有边框为四足，其上可以雕刻花纹装饰。夏日不必用凳套套凳子，清凉宜人。

实木线装饰　　　　　　　　　羊毛地毯

实木线条造型隔断　　混纺地毯

雪花白大理石地砖

白色乳胶漆

橘色釉面地砖　　　　　　　　白色乳胶漆　　　　　　　　黄色乳胶漆　　　　　　　　石膏板造型

实木线装饰　　　　　　　　　抛光地砖　　　　　　　　　花鸟壁纸　　　　　　　　　仿木纹大理石地砖

实木饰面板　　　　　　　　　　　　　　　　　　　　灰色仿古地砖

中式茶几要与客厅家具搭配一致

中式茶几不只是要好看，最重要的是能和客厅的家具搭配成一体，这样才不会显得不统一，也不会让中式风格的装修存在不搭调。中式风装修中所用到的家具大都是实木家具，在选择茶几时要挑选同样颜色的木制或者石质的茶几，以进一步体现中式风格的沉稳。同时选购时注意其承载力和收纳功能，这样的茶几不仅美观而且实用。

釉面地砖　　　　密度板拓缝

人造大理石造型　　　　混纺地毯

石膏板造型　　　　装饰壁画

亚麻壁纸　　　　石膏板吊顶

混纺地毯　　白色乳胶漆

釉面壁砖　　白底碎花壁纸

羊毛地毯　　人造大理石墙面砖

白色乳胶漆　　　　釉面地砖

木雕花造型贴墙面　　白色乳胶漆

石膏板造型　　组合装饰画

屏风彰显中式客厅
的宁静之美

　　屏风一般陈设于客厅的显著位置，起到分隔、美化、挡风、协调等作用。它与中式古典家具相互辉映，相得益彰，浑然一体，成为家居装饰不可分割的整体，而呈现出一种和谐和宁静之美。它融实用性、欣赏性于一体，既有实用价值，又有新的美学内涵，是极具民族传统特色的工艺精品。

实木复合地板　　白色乳胶漆

粉色乳胶漆　　　　　　石膏板吊顶

混纺地毯　　黄色乳胶漆

黄色乳胶漆　　　　　　实木地板

竹帘装饰　　　　　　　　白色乳胶漆

圈椅　　　　混纺地毯

红色软包　实木复合地板

博古架　　　　亚光地砖

纱帘装饰　　　　　　　　仿木纹大理石墙砖

仿木纹大理石造型　　　　　　　　粉色乳胶漆

陈列艺术品的博古架彰显
中式客厅的大气感

博古架是一种在室内陈列古玩珍宝的多层木架，是类似于书架式的木器。中分不同样式的许多层小格，格内陈设各种古玩、器皿，又名为"十锦槅子"或"多宝槅子"，每层形状不规则。博古架的设计能够体现客厅的大气和厚重感，在环境中也很容易成为视觉焦点，体现环境特色。

混纺地毯   博古架

实木复合地板   文化砖

木线装饰   博古架

实木地板   木格栅隔断

仿古地砖   亚麻地毯

实木复合地板   黄色乳胶漆

银镜装饰条   纺织地毯

嵌入式博古架   中国风装饰画

粉色乳胶漆   木花格造型贴墙面

木质镂空隔断透露着
浓郁的中式味道

中式木质镂空隔断既融合了传统的中式元素，在视觉上又能形成较好的空间连接。根据客厅环境进行不同的设计，隔断还能够兼作沙发背景墙或电视背景墙，效果典雅自然，同时又透露着浓郁的中式味道。镂空的隔断形成的空间连接也改善了中式风格客厅的压抑沉闷感，为环境带来清新的感受。

石膏板造型　　　　木花格装饰垭口

木雕花造型格栅　　　　抛光地砖

仿木纹聚氯乙烯壁纸　实木复合地板

人造大理石地砖　　　　木花格造型

混纺地毯　　　　木工板混油造型

白色乳胶漆　　　　实木地板

石膏板吊顶　　　　　　　　　　灰色乳胶漆

胡桃木装饰角线　　　　　　鹅黄色乳胶漆

白色乳胶漆　　　　　　　　　抛光地砖

艺术壁纸　　　　　　　　釉面地砖

客厅茶座为主人提供
浪漫的休闲空间

　　茶座是主人放松休闲的空间，客厅中的茶座增加了客厅的实用功能，同时在设计上对空间规划也有了更多的要求。茶座的空间要相对独立，光线充足，保证一个宁静雅致的空间环境；空间内容设计应美观大方，色彩温馨，也可以加入其他功能，但是使用起来应当方便快捷。

黄色乳胶漆　　　　　　　　　浅蓝色乳胶漆

仿木纹聚氯乙烯壁纸　　　　　实木复合地板

实木地板　　白底碎花壁纸

实木地板　　　　　　胡桃木饰面板

餐厅设计

说起中式风格的餐厅，很容易让人想起圈椅、镂空隔断和雕花吊顶等传统设计元素。如果想要营造独特的中式风格餐厅，并不一定要完全沿袭这些传统设计元素。中式餐厅设计讲究线条简单流畅、内部设计精巧。通过中式风格的特征，表达含蓄、端庄的东方式精神境界。中式风格的饰品主要是瓷器、陶艺、窗花、字画、布艺以及具有一定含义的中式古典物品，可利用这些元素设计来营造餐厅浓厚的文化背景氛围。

线条简单又兼具实用性的长形餐桌

　　长形餐桌的线条简单，在餐厅中不会形成复杂的就餐环境，通过选择桌体的材质、颜色或进行简单的装饰，长形餐桌也能够适应不同特色的中式风格餐厅。长形餐桌大小选择随意，不会对整体风格产生影响，较大的长形餐桌也不会显得笨重，同时长形餐桌能容纳多人，也比较适合聚会就餐。

抛光地砖　　　　胡桃木饰面板

亚光地砖　　　　石膏板吊顶

柚木饰面板　　　　　　　竖纹壁纸　　　　混纺地毯　　　实木装饰角线

石膏板吊顶　　　　　　　实木地板

人造大理石地砖　　　白色乳胶漆

白色乳胶漆　　　　　　　实木地板

釉面地砖　　　　　　　　柚木饰面板

仿古地砖　　　　　黄色乳胶漆

白色花纹壁纸　　　鹅黄色乳胶漆

餐厅中的博古架装饰
出雅致的就餐环境

  餐厅中的博古架设计可将餐厅中的装饰艺术品集中放置，避免餐厅装饰工艺品使环境显得杂乱，营造简单干练又雅致的就餐环境，别致的应用形式让就餐氛围更轻松舒适。新中式风格的博古架也打破了传统的木质环境，融入了更多的材质来表现与众不同的餐厅环境风格，使中式风就餐环境变得清新舒适。

人造大理石地砖　　　　博古架

白色釉面地砖　　　　白色乳胶漆

仿木纹大理石墙砖　　　人造大理石地砖

白色乳胶漆　　　实木地板

纺织地毯　　　　　　　　博古架　　　　　　　　金箔壁纸　　　灰色釉面地砖

石膏板吊顶　仿木纹大理石地砖　　　　　实木板吊顶　　　　灰色釉面地砖

皮革硬包造型　　　　人造大理石地砖

装饰画的色彩改变
餐厅的整体氛围

中式风餐厅中的装饰画多选择花鸟、山水画等极具中式特色的画作，传统的花卉植物图案能够体现餐厅的环境气氛。色彩鲜艳的壁画装饰作为餐厅背景，使就餐环境清新活泼，显得十分愉悦；而古韵十足的国画装饰，则让整个餐厅环境更加安静舒适，也有着世外桃源的超然意境。

纱帘装饰　　　　　　　　　　　　　　　　　红榉木饰面板

白色花纹烤漆玻璃　　　　　　　　装饰壁画

仿木纹聚氯乙烯壁纸　　　　　　　灰色乳胶漆

装饰壁画　　　　　　　　　　　　灰色釉面地砖

仿木纹壁纸 　　　　　　　　　　实木地板

白色乳胶漆 　　　　　　　　　　实木复合地板

白色乳胶漆　　　　中国风装饰画

釉面地砖 　　　　　　　　　　仿古釉面墙砖

实木复合地板 　　　　　　　　　　蓝色乳胶漆

餐厅中的木花格造型与
餐厅家具色彩一致

　　木花格造型是最能体现中式特色的家居装饰之一。在餐厅中使用木花格装饰，精美的雕花设计让就餐环境更具古韵。木花格在色彩和木质材料的选择上应与餐厅的餐桌椅等家具一致，以保证空间的完整性，统一的色彩和木料也不会使环境意境有跳脱感。

仿古地砖　　　　　　　　　　　　　实木雕花装饰

实木雕花装饰　　　　　　　　　　灰色釉面地砖

木花格造型隔断　　　　　大理石墙砖

实木地板　　　　　　　　木花格格栅

木雕花造型装饰　　　　　　　　　实木复合地板

实木条装饰　　　　仿木纹大理石地砖　　　木雕花造型装饰

实木格栅造型　　实木复合地板

石膏板吊顶　　　抛光地砖　　　　　　　　　　　　圈椅　　　　　　　　　　　实木地板

美观大方的餐厅仿古吊灯

餐厅的灯饰照明应将人们的注意力集中到餐桌上，故而吊灯是最实用常见的设计。餐厅中的中式风仿古吊灯多是灯笼式的造型，保留了中式风格的韵味特点，同时在材质以及光线角度上融合一些现代元素，从而使餐厅的吊灯既有古典的韵味同时又美观大方，十分新颖。

实木复合地板　　　　　　　　　　白色乳胶漆

仿古地砖　　　　　　　　　　白色乳胶漆

中式风手绘壁画　　　　　　　　竹帘装饰

白色乳胶漆　　　　　　　　　仿古地砖

黑胡桃木饰面板　　　　　　　　木线装饰

人造大理石地砖　　　　　　　　石膏板造型

实木地板　　　　　　　　　　　木网格造型

实木复合地板　　鹅卵石　　　　马赛克

木线装饰　　　　　　　　　　　实木地板

文化砖　　　　　　　　　　　　黑色釉面砖

中式风餐厅中也可以有明亮时尚的现代元素

中式风餐厅环境也可以融入一些时尚明亮的现代元素，这些元素一般都体现在餐厅的布局色彩和局部的材质搭配上。明亮的色彩点缀可以改善餐厅的压抑感；玻璃等现代元素也不会影响中式风格的整体布局；在中式餐厅布局中增加餐厅的照明，提高餐厅的亮度也可以使中式餐厅变得时尚而美丽。

银镜装饰　　　　　　　　　　　　珠帘装饰

仿木纹聚氯乙烯壁纸　　　　　　　实木复合地板

人造大理石地砖　　　　　　白色乳胶漆　　　　　　装饰壁画　　　　　　灰色釉面砖

金属壁纸　　　实木地板

盘子装饰　　　花纹壁纸

实木地板　　　　　　　花鸟壁纸

鹅卵石　大理石地砖　红柚木饰面板

金丝米黄大理石　　　仿木纹大理石地砖

餐厅的顶面设计应与
餐厅家具相呼应

中式风格注重整体性，中式餐厅的顶面设计也应与餐厅的家具布置相呼应。长形的餐桌顶面也设计为长形，圆形的餐桌顶面设计为圆形；餐厅顶面若设计木线装饰，木线的木料以及色彩也应与餐厅家具一致。这样的设计保证了空间上下的一致性，同时又区分了餐厅上下空间层次。

柚木装饰线　　　　　　　仿古地砖

白色乳胶漆　　　　　　人造大理石地砖

白色乳胶漆　灰色釉面地砖

石膏板吊顶　　　　　　　抛光地砖

石膏板吊顶　　　　　红榉木饰面板

卧室设计

　　与其他空间相比，卧室的私密性格外重要。在卧室的设计上，中式风格体现的是功能与形式的完美统一、优雅独特、简洁明快的设计风格。卧室墙面一般选用墙纸、织物、木材或亚光涂料等手感舒适的材料。地面铺设地毯或木地板，这些装饰材料都具有吸声、保温、柔和的特点，而且其色彩和质感与卧室的使用功能及氛围营造比较协调。除此之外，中式风格卧室的织物应与房间主色调一致，局部服从整体。卧室窗帘可挑选柔和、垂度好且较飘逸的布料，以增强避光性与隐私性。

中式风格卧室的色彩应淡雅沉稳

卧室环境以舒适为主，中式风格的卧室色彩一般选用安静、悦目、舒适、沉稳的格调，用色一般以淡雅、别致的色彩如乳白、淡黄、绯红、淡紫等色调为主，创造出柔和宁静的气氛。设计中比较有特色的是以红木油漆色为主色调，以不超过三种同色系的浅色过渡布置，装饰出唯美舒适的中式风格卧室。

黑胡桃木装饰　　　实木地板

密度板混油造型　实木复合地板

灰色乳胶漆　　　实木线条装饰

灰色花纹纸面壁纸　　仿古地砖

仿木纹大理石墙砖　　　　　　　　　木花格造型贴墙面

艺术壁纸　　　　　实木地板

实木复合地板　　　米得板造型

实木复合地板　　　　　　　皮革软包造型

白色乳胶漆　　　　实木地板

四柱床使卧室环境
更加浪漫舒适

　　中式风格的四柱床，简约唯美，在卧室环境中具有很好的装饰性，同时唯美的设计增加卧室环境的私密性和安全感，营造更加舒适的睡眠环境。四柱床的柱子上可以进行雕花装饰，营造复古风的卧室环境；线条简单的四柱床大方美观具有新中式风格的特点；四柱床也可以搭配设计轻盈的纱质帐幔，营造浪漫的睡眠环境。

灰色乳胶漆

花鸟壁纸　　　　　　　　　　　　实木地板

仿木纹大理石墙砖　实木格造型刷白漆　　肌理壁纸　混纺地毯

实木地板　　　　　木雕花造型装饰垭口

实木地板　　　　　红色软包造型

粉色软包造型　　　　　　实木条装饰

实木地板　　　木工板混油造型

实木地板　　　　　　黑胡桃木饰面板

簇绒地毯　　　　　黄色肌理壁纸

具有装饰性的中式床头灯

　　中式卧室床头上的两盏台灯，是最具卧室特色的灯饰。中式卧室的照明以创造一种柔和、朦胧、静谧的气氛为好，灯具应考虑选择新颖别致的式样。床头灯灯光的色彩应与室内色彩的基调相吻合，能够充分体现出卧室的点缀就是灯光，从而营造出温馨的气氛，也表达出了中式风格卧室想要的暖意。

灰镜装饰　　　　　　实木地板

字画装饰　　　　　　纺织地毯

木雕花造型　仿木纹壁纸

实木地板　　　　　　咖啡色壁纸

竖纹壁纸　　　　　　　　　　　实木地板

实木地板　　　　　　　　红色软包造型

仿木纹聚氯乙烯壁纸　　　　　　石膏板造型

木窗格造型　　　　中式床头柜

红榉木饰面板　　石膏板吊顶

木格栅造型　　　　　　石膏板吊顶

选择好壁纸也能营造
独特的中式风卧室

选择合适的壁纸也能够彰显出卧室的中式风格特点。花鸟图案的壁纸作为卧室床头背景墙最为合适，花鸟图案具有装饰性，在床头位置也比较醒目；色彩沉稳的壁纸可以作为卧室大环境的背景使用，色彩较深的壁纸搭配浅色的卧室家具，而浅色的壁纸采用有色彩对比的卧室装饰，凸显卧室空间的层次感。

木窗格造型　　　花鸟壁纸

仿古灯　　　　　实木地板

混纺地毯　　　木线装饰　　　花鸟壁纸

混纺地毯　实木线装饰

金箔壁纸　　　　　　　　实木地板

仿木纹聚氯乙烯壁纸　　黄色乳胶漆

装饰壁画　　　　　　　实木地板

仿木纹聚氯乙烯壁纸　　　　实木复合地板

红柚木饰面板　　　　　　　　木雕花造型贴镜面

卧室中的中式风装饰
画注重空间的留白

　　卧室是人休息的地方，空间布置应注意留白，墙面挂装饰画要留出一定的空墙壁。中式风格的装饰画本就追求清雅的意境，若布局过于紧凑，不仅破坏了装饰画的意境，同时也不符合卧室的环境。卧室中摆放的中式风装饰画尽量规格小些，避免大幅壁画装饰的墙壁给人以压抑的感觉。

碎方格壁纸　　　　　　　实木复合地板

实木复合地板　　　　　　　　　　白色乳胶漆

木雕花造型　　　　　　　仿木纹壁纸

实木复合地板　　　鹅黄色乳胶漆

浅灰色乳胶漆　　　　　　　　　　　亚麻地毯

木线装饰　　　　灰色肌理壁纸

实木地板　　　　　　　　　　灰色暗纹肌理壁纸

胡桃木装饰边线　　　　　　　　白色乳胶漆

实木造型墙面　　　　米黄色乳胶漆

黑胡桃木饰面板　　组合装饰画

实木材料装饰别致的
中式风卧室

实木材料作为最具代表性的中式风格装修材料，在卧室中得到了很好的运用。简单雅致的实木板成为卧室床头的背景墙；精心雕刻的木质雕花造型也是床头一道美丽的装饰；卧室中的吊顶、隔断也都少不了实木材料的身影。或大面积拼装，或局部点缀，都在彰显着不同韵味的中式风卧室环境。

实木地板　木雕花造型贴墙面

实木复合地板　竖纹壁纸

实木地板　　　　　　　　木雕花造型贴墙面

实木线装饰　　　　　　浅灰色软包造型

灰色回纹壁纸　　　　　　　　　　　　实木地板

装饰壁画　　　　　　　　　　　　实木地板

白桦木饰面板　　　　　　　　　　　簇绒地毯

簇绒地毯　　　　　　实木装饰顶面

金箔壁纸　　　　　　博古架

实木线条隔断　　　　　　磨砂玻璃

布艺帷幔让中式风
卧室更加温暖

中式风格的卧室环境多采用大量色彩沉稳的材质来装饰，整个空间显得比较冰冷。同色系布艺帷幔的设计让整个卧室多了温暖的色彩，同时帷幔也更好地保护了卧室的隐私。布艺本身就具有柔和的特性，用来搭配中式风卧室使卧室空间的层次有了对比，卧室空间的立体感也更强。

实木地板　　　　木雕花造型　　　　红柚木饰面板

黄色乳胶漆　　　仿古灯

实木地板　　　　紫色纱帘装饰

白色乳胶漆　　　白色亚光地砖

卫浴设计

中式风格的卫浴间，崇尚简洁实用，善于在细节处点亮空间风格。中式的卫浴间可选择的材料很少，中式元素包括中国红、水墨、雕花、传统的生肖属相等都是可以作为一个浴室的主题元素的。木材是中式风的重要材料，也是中式卫浴间必不可少的组成元素。木材质防水性能较差，因此在浴室中为追求木头的装饰效果可以用仿木瓷砖，或者用防水墙纸替代。空间较大的卫浴间，可以考虑多样化的设计，比如在干区使用防水壁纸，卫浴间则会显得缤纷很多。

中式卫浴间的色彩
宜趋于明亮

中式卫浴间在设计的时候还要考虑合理的搭配色彩。卫浴空间相对室内其他空间较小，采用过多的厚重色彩会使空间显得更郁闭压抑。一般来说，选用明亮又端庄的色彩装饰大环境，局部可以采用深色加深，以表现卫浴间的层次。

咖啡色釉面地砖　　　米黄色乳胶漆

镜面玻璃　　　　　　灰色大理石墙砖

仿木纹大理石墙砖　　仿古地砖

中式浴柜　　　　粉色墙砖

石膏板吊顶　　　　　釉面地砖

黑色大理石拼接造型　　　　　　　木窗格造型隔断

仿砖纹大理石墙砖　　　　黑色釉面地砖

中式浴柜　　　　黑色釉面墙砖

釉面墙砖　　　　　　　集成吊顶

中式风浴柜应
做好防潮处理

中式风格的浴柜一般都是实木材质，精美的工艺和装饰体现唯美的中式风。木质的浴柜摆放在卫浴间有着很好的装饰作用和实用功能，但是在卫浴间必定要注意干湿分区的问题，卫浴间潮湿的空气需要做好防木头霉变的工作，可选择在背面涂上清漆的方法增加木头的防潮性能。

马赛克地砖　　　　　　彩色瓷砖

文化石　　　　仿木纹釉面地砖

仿古灯　　　　　　　白色瓷砖

仿古墙砖　　　　　中式浴柜

书房设计

都市人愈来愈希望自己家中也能有古色古香的书房，而中式书房家具，大致包括：书桌、书柜、椅子、书案、榻、案桌、博古柜、花几、字画、笔架、笔筒及文房四宝等。中式书房所选用的建材也是可以很现代的，一种全新的装饰手段可以给书房添彩。书房的墙面最好用壁纸、板材等吸音较好的材料。通常中式书房的颜色比较重，但是也很容易陷入沉闷、阴暗之中。所以，中式书房最好有一个大面积的窗户，让空气保持流通，并把自然光与户外的景色引入室内。

中式书房也是陶冶情操的休闲空间

对于爱好舞文弄墨的主人来说，文房四宝是中式书房必不可少的家具。中式书房原本也并不仅仅是读书写字的空间，研习书法似乎与中式书房的意境更贴合。此外中式书房也可以是练习古筝等乐器的场所，古典的音符更贴合书房环境。中式书房也可以和茶座空间结合在一起，茶韵会使书房的古韵更浓郁。

实木雕花造型装饰墙面

白色乳胶漆　　实木地板

石膏板吊顶　　　仿古地砖

胡桃木饰面板　　　米白色乳胶漆

灰色釉面砖　　　仿古灯

石膏板造型　　　混纺地毯

大花白大理石地砖　　　嵌入式博古架

人造大理石地砖　胡桃木饰面板

中国风装饰画　　　浅粉色乳胶漆

实木地板　　　仿古灯

黑色仿古地砖　　　白色乳胶漆

实木家具传达书房
的古典理念

中式书房的家具采用实木家具，符合书房本身的功能性和中式书房的古典理念。整个书房的家具应具有高契合度的统一性，体现中式书房的完整性。另外，书桌是使用频率很高的家具，因此在选购的时候要特别注意其接榫情况。桌面可以考虑铺上一块玻璃，使用起来会更加方便。

白色乳胶漆 实木地板

灰色乳胶漆 实木地板

混纺壁纸 仿古地砖

实木地板 浅粉色乳胶漆

实木复合地板 木窗格造型

组合柜　　实木地板

实木线装饰 实木地板

实木复合地板　中国风装饰画

实木复合地板　　白色乳胶漆

石膏板造型　　抛光地砖

花鸟壁纸　　实木复合地板

木雕花造型装饰垭口　　实木地板

博古架也是书房中
的艺术装饰品

博古架也是典型的中式风格元素，博古架的风格内涵与
中式书房的设计理念十分贴合，是很好的书房收纳用品。博
古架本身也是一件艺术品，静静地站立在书房中，将主人收
藏的古玩字画、器皿展示出来，供人们品评和欣赏。在博古
架上难免落下灰尘，需要一个精致的鸡毛掸子或者干燥柔软
的抹布用来清除灰尘。

实木地板　　　　　　　　胡桃木博古架

木雕花造型　黄色乳胶漆

红色纱帘装饰　　　　　　实木地板

石膏板吊顶　　　实木地板

石膏板吊顶　　　　　　实木地板

白色乳胶漆　　　　　　实木地板

黑色大花壁纸　　　　实木拼花地板

实木复合地板　　　　　黄色乳胶漆

灰色乳胶漆　　　仿古台灯

混纺地毯　　　　　　柚木组合柜

字画装饰彰显中式
书房的气质

中式书房的墙面装饰物最具代表性的就是字画装饰。中式书房的字画装饰物应体现端丽、清雅的气质和风格。在选择墙面字画装饰品的时候，应该与整体的装修和家具的颜色相配套，不能因为一味追求个性而忽略搭配，破坏了整个中式书房高贵大方的气质，可布置一些有格调的字画以体现书房的文化氛围。

组合装饰画　　　　肌理壁纸

肌理壁纸　　　　　　实木地板

组合装饰画　　　　实木复合地板

实木条装饰　　　　仿古地砖

实木地板　　　　　　屏风　　　　　　　　　　米黄色乳胶漆　　　实木装饰角线

石膏板造型　　　　　浅黄色乳胶漆　　　　　　艺术壁纸　　　　　实木拼花地板

黑胡桃木装饰线　　　印花壁纸

仿古灯可以调节
中式书房的意境

　　中式书房的灯具设计也融入了许多中式元素，吊灯多采用古雅别致的仿古灯饰，以衬托书房明亮典雅的大环境；书桌上加强照明的台灯应是别具特色的仿古灯，在灯柱上会融合有精致的中式元素，台灯应可调、灵活，以确保光线的亮度和角度；中式书房的射灯一般都是隐藏式光源，主要起调节空间气氛的作用。

浅蓝色乳胶漆　　　　　实木拼花地板

实木地板　　　　　　　　石膏板造型

米白色乳胶漆　　　　　　亚麻地毯

实木地板　　　　　　　　仿古灯

艺术壁纸　　　　　　　　黄色乳胶漆

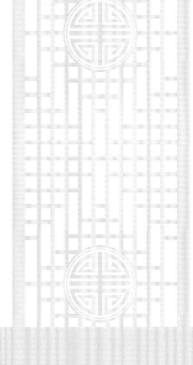

玄关设计

玄关设计是家居设计开端的缩影。在中式家居设计中，中式玄关能起到点睛作用。中式玄关的设计应起到体现主人的生活格调与独特品位的作用，使其能够在短时间内给人足够的震憾力，展示中国风家居设计含蓄的完美。中式风格的玄关设计有很多的讲究，玄关的面积不宜过大，可以搭配鞋柜、衣柜等设计，以节省空间；玄关的高度也应适中，太高会产生压迫感，可以搭配设计博古架等装饰。中式风格的玄关在家居装饰上也具有很好的美化作用。

中式风玄关要有
明亮的装饰色彩

　　玄关的空间较小，中式风格沉稳的色彩在玄关中应作为局部的点缀装饰，整体色彩以浅色为主，例如白色的背景点缀红色或木色的装饰；运用较多的深色系色彩的玄关设计应当合理地增加玄关的辅助光源；运用深浅色交替装饰时，应当使色彩的区分层次更加明显，以扩大玄关空间的视觉感受。

石膏板吊顶　　抛光地砖

釉面地砖　　　　　　　白色乳胶漆

抛光地砖　　灰色乳胶漆

白色乳胶漆　红色收纳柜　　　　　茶镜装饰　　　　　　人造大理石地砖

木工板混油造型　　　　　　仿木纹大理石地砖　　　　　　　　　　实木线装饰　　　　　　　人造大理石地砖

银镜装饰　　　　　木工板造型

柚木饰面板　　　　　　　　实木造型隔断

仿古地砖　　　石膏板吊顶

精致的木格栅造型
点亮玄关空间

　　玄关宜保持整洁清爽，木格栅造型能够适应玄关的空间特点。大面积的木格栅造型适合空间较大的玄关，木色不会产生压抑感。此外木格栅造型刷白，造型通透、色彩明亮，在玄关中也可以大面积的使用。作为点缀装饰的木格栅往往造型精致美观，搭配色彩对比鲜明的空间装饰可表现空间层次。

印花壁纸　　实木地板

大理石造型　　　　　　　　　人造大理石地砖

红色乳胶漆　　实木装饰边线

实木造型装饰顶面　　人造大理石地砖

仿木纹大理石地砖　　　　　黄色乳胶漆

明清家具　　　　　　　　　木雕花装饰墙面

仿木纹大理石墙面　　　　　　　花纹雕花格造型

艺术壁纸　　木窗格造型贴墙面

仿古灯　红榉木饰面板

实木饰面板　　　　　　　仿古地砖

中国风壁画装饰适合空间
较为开阔的玄关

空间较为开阔的玄关，装饰的元素内容比较多元化，使用中国风壁画来装饰空间，能够迅速点明空间风格和主题。壁画可以采用手绘的方式，既保留了简约委婉的空间特点，同时也具有明显的中式韵味；中国风的装饰壁画使用起来更加方便，壁画也可以成为玄关环境的大背景，丰富玄关的功能。

木雕花造型刷白漆　　　中国风手绘造型

实木线密排装饰　　　实木地板

黄色乳胶漆　　　实木复合地板

大理石墙砖　　　人造大理石地砖

过道设计

过道是居室中一处非常容易被忽视的空间，而且不容易打理。实际上，过道是居室的重要组成部分，不仅是通往居室各个房间的通道，还能巧妙地将不同功能的空间划分出来。若需要将过道打造成中式风格，则需要装饰木材、中式的装饰元素来帮忙。过道空间有限，大面积的中式元素使用时要搭配好色彩，而中式元素的点缀则需要明亮简约的背景来衬托。过道的整体特色可以延续客厅空间的设计，而过道也是会让中式元素凝聚并升华的空间。

中式元素点缀过道端景

　　过道中的端景是过道中人们最先看到的风景，端景处的
元素设计自然要突出中式风格特点。过道空间较为狭长，空
间本身较为郁闭，中式风格又色彩沉稳，因而过道中的端景
设计应把握好留白。使用少而精的中式元素点缀端景空间，
同时把握好造型搭配，可营造具有轻松感和愉悦感的中式风
过道环境。

实木复合地板　白色乳胶漆

柚木饰面板　　　马赛克　　　　金箔壁纸

仿古地砖　　　竖纹壁纸

白色乳胶漆　柚木装饰脚线

蓝色乳胶漆　　　　仿古地砖

大理石地面拼花　　仿木纹大理石墙砖

装饰壁画　　仿古地砖

中国风装饰画　　混纺地毯

中国风装饰画　　竖纹壁纸

实木复合地板　　仿木纹聚氯乙烯壁纸

宽敞的过道赋予中式元素更多的发挥空间

大空间内的开放式过道，需要从顶面和地面来区分它的空间，可以在顶面和地面做造型、色彩或材质上的呼应，也可以通过地面的自然木纹引导，来凸显过道的功能。开放式的过道要十分注意与周边中式环境特色的协调。半开放式又比较宽敞的过道，墙面可以作为设计的重点，可以通过木材的凹凸变化、中式装饰品和特色图案等增加过道空间的动感。

石膏板吊顶　人造大理石地砖

实木装饰顶面　人造大理石地砖

实木复合地板　文化石

人造大理石地砖　银镜装饰

大理石地面拼花　　实木装饰顶面

木雕花造型隔断　　仿古地砖

实木线条造型装饰　　抛光地砖

黄色乳胶漆　实木复合地板

釉面地砖　　中国风装饰画

独具特色的中式风
过道休闲区

开放式过道的角落可以设计小休闲区，中式风格的小休闲区设计其实就是一个浓缩的小客厅休闲区。根据具体空间的大小可以有不同体量的休闲区。空间较大的可以设计中式风格的软榻，或者搭配简单的中式家具、博古架、花架等营造独立的休闲空间；或者在过道边放上简单的木质座椅，点缀简单的装饰，这样的休闲区也别具一格。

实木线条造型装饰　实木地板

艺术壁纸　　混纺地毯

碎方格壁纸　　簇绒地毯

装饰壁画　　人造大理石地砖

楼梯设计

　　中式风格楼梯不是纯粹的元素堆砌，而是通过对传统文化的认识，将中国传统元素结合在一起，每个细节上的精雕细琢是中式楼梯最为讲究的。中式楼梯可按个人喜好搭配其他款式立柱、扶手、木板颜色，大部分中式楼梯都由香樟木和榆木雕琢而成，花格手工接榫，立体效果极强，纹格精美，结构细致，整体风格大气、庄严，式样典雅，极富中国传统特色，在中式家居设计中应用十分广泛。

中式风楼梯也有
混搭风的材料

中式风格的楼梯多采用实木材料，但对于营造明亮活泼的中式家居，多种材料的混搭也能够体现出中式风格楼梯的特色。利用线条简单的金属来做楼梯的栏杆适合空间较小的楼梯环境，镂空的栏杆使楼梯环境不显拥挤；楼梯的踏板铺装也可以使用接近木色的大理石面砖来代替实木板；此外中式风楼梯的设计中还可融入布艺、玻璃等柔软现代的材料。

实木装饰墙角　　　　簇绒防滑垫

木质屏风　　　　　　　　肌理壁纸

装饰壁画　　仿古地砖

仿木纹大理石踏面　　　石膏板造型

簇绒地毯　　　　　　　白色乳胶漆

簇绒地毯　木线装饰隔断

白色乳胶漆　　　　　人造大理石踏面

仿砖纹壁纸　大芯板造型

石膏板吊顶　实木饰面板

中式风的楼梯转角
也有细致的设计

　　楼梯中的转角风情，绝对是家居装修中不可忽略且难以遮挡的风景线。中式风格楼梯转角多是有角度的处理，这样的楼梯转角处理也常常依靠墙角的空间，贴合墙面设计楼梯走向，并在转角处设一缓冲平台；不依靠墙面的楼梯一般设计为弧形，中间没有缓冲平台。楼梯的上下两端也设计有装饰来丰富楼梯环境。

仿古灯　　　　　　　　　　　肌理壁纸

黑镜装饰　　　　　　　　　　仿古地砖

灰色釉面砖　　　　　　青砖

仿砖纹壁纸　　　　　　实木雕花造型装饰

木雕花装饰垭口　　　　　实木地板

石膏板造型　　　黄色乳胶漆

石膏板吊顶　　　　　木雕花造型

大理石墙面造型　　　　人造大理石地砖

白色乳胶漆　　　　仿木纹大理石地砖

中式风楼梯的栏杆
设计也十分精细

典型的中式风楼梯栏杆与楼梯踏板的材料或色彩一致，楼梯栏杆的设计也因室内环境的中式特色而独具特点。栏杆的造型多变，但都经过或繁或简的雕刻，其中也可以加入一些冰裂纹、云纹等中式风格的装饰，也可以只打磨出流畅的线条。栏杆经过打蜡保养，原木色泽更典雅，体现中式风格的精神内涵。

实木地板　　　白色乳胶漆

实木地板　　　　　　花纹雕花格

仿古地砖　　　白色乳胶漆

木雕花造型　　　白色乳胶漆